全国技工院校机械类专业通用（高级技能层级）

高级钳工工艺与技能训练（第三版）习题册

秦荣健　主编

中国劳动社会保障出版社

简介

本习题册是全国技工院校机械类专业通用教材（高级技能层级）《高级钳工工艺与技能训练（第三版）》的配套用书。本习题册紧扣教学要求，按照教材章节顺序编排，知识点分布均衡，题型丰富多样，难易配置适当，有助于学生复习巩固所学知识。

本习题册由秦荣健担任主编，麻艳、杨学功、徐建垒、刘静、陈峰参加编写。

图书在版编目(CIP)数据

高级钳工工艺与技能训练（第三版）习题册/秦荣健主编. -- 北京：中国劳动社会保障出版社，2020

全国技工院校机械类专业通用. 高级技能层级

ISBN 978-7-5167-4372-0

Ⅰ.①高…　Ⅱ.①秦…　Ⅲ.①钳工-工艺学-技工学校-习题集　Ⅳ.①TG9-44

中国版本图书馆 CIP 数据核字(2020)第 031029 号

中国劳动社会保障出版社出版发行

（北京市惠新东街 1 号　邮政编码：100029）

*

三河市华骏印务包装有限公司印刷装订　新华书店经销

787 毫米×1092 毫米　16 开本　3 印张　68 千字

2020 年 3 月第 1 版　2023 年 5 月第 2 次印刷

定价：6.00 元

营销中心电话：400-606-6496

出版社网址：http://www.class.com.cn

http://jg.class.com.cn

目　录

模块一　钳工概述

一、填空题（将正确的答案填写在横线上）

1. 钳工的特点是________________、灵活性强、工作范围广、技术要求高，操作者的技能水平直接影响产品质量。

2. 钳工工作主要任务是__________________、________________________、________________________________、__________________。

3. 目前，按工作内容性质将钳工划分为__________________、__________________和__________________三类。

4. 机修钳工是使用工具、量具及辅助设备，对各类设备进行______________________的人员，主要从事各种机械设备的_______________工作。

5. 在拆卸和调试设备前，必须______________。

6. 在钻床上钻孔时，严禁________________操作，不准用手抚或嘴吹等方法清除切屑。

二、判断题（正确的打“√”，错误的打“×”）

1. 一些采用机械方法不适宜或不能解决的零件加工，都可由钳工来完成。（　　）

2. 制造和修理各种工具、夹具、量具、模具及各种专用设备是钳工的工作任务之一。（　　）

3. 砂轮机、钻床应设置在场地的中间，尤其是砂轮机一定要安装在安全可靠的位置。（　　）

4. 钳工常用工具、量具可以混放在一起。（　　）

5. 使用手电钻、手砂轮及一切手提电动工具时，脚应踏在绝缘板上，并戴好绝缘手套和防护眼镜。（　　）

6. 装拆、维修或调试设备后，必须认真检查，不准将工具或工件遗留在设备内，以防发生事故。（　　）

7. 在錾切工件时，对面不准站人，固定操作处应设防护网，握锤的手不准戴手套。（　　）

三、简答题

1. 钳工的种类有哪些？各有哪些特点？

2. 钳工常用的工具、量具有哪些？在使用时应注意哪些安全事项？

模块二　钳工基本操作

课题1　平 面 划 线

一、填空题（将正确的答案填写在横线上）

1. 划线是指在毛坯或工件上，用划线工具划出待加工部位的__________或作为基准的__________。

2. 只需要在工件的一个表面上划线即能明确表示加工界线的，称为__________。

3. 基准是工件上用来确定其他__________________所依据的点、线、面。

4. 划线基准选择的基本原则是_________________________________。

5. 游标高度尺是一种既能______________又能______________的工具。

6. 划线必须做到尺寸准确、______________、粗细均匀，冲点准确合理、____________________。

7. 分度头的结构主要由__________、____________、____________、分度叉及底座等组成。

8. 当分度头的手柄转一周，被三爪自定心卡盘夹持的工件转____________周。

二、判断题（正确的打“√”，错误的打“×”）

1. 划线平台又称划线平板，其用途是安放工件和划线工具，并在其工作面上完成划线及检测过程。（　　）

2. 钢直尺的规格有 30 mm、150 mm、500 mm、1 000 mm 等几种。（　　）

3. 划线要尽量一次完成，使划出的线条既清晰又准确。（　　）

4. 划线盘的直头端用于找正，弯头端用于对工件的划线。（　　）

5. 划线基准可以随意选择。（　　）

6. 划线时，在工件的每一个方向都需要选择一个划线基准。因此，平面划线一般选择两个划线基准。

7. 钢直尺的作用包括简单的测量和划线的导向。（　　）

三、名词解释

1. 基准

2. 划线基准

3. 设计基准

四、简答题

1. 划线基准常见的选择类型有哪些？

2. 分度头的分度原理是什么？

课题2 立体划线

一、填空题（将正确的答案填写在横线上）

1. 常用的立体划线工具有________、________、________、________、________。

2. 方箱用于夹持工件并能翻转位置而划出________。

3. 千斤顶通常是____个一组，用于支撑不规则的工件，其支撑高度可做一定调整。

4. 对于毛坯工件，划线前一般要先做好________工作。

5. 找正就是利用划线工具使工件上有关的表面与________（如划线平台）之间处于合适的位置。

6. 当工件毛坯的位置、形状或尺寸存在误差或缺陷，用划线找正的方法不能补救时，可采用______的方法来解决。

7. 借料就是通过试划和调整，将工件各部分的加工余量在允许的范围内______

__________，以保证各个加工表面都有足够的__________，在加工后排除工件自身的误差或缺陷。

8. 划线前，必须先确定各个划线表面的__________及各位置的__________。

二、判断题（正确的打“√”，错误的打“×”）

1. V 形架通常是单个使用，用来安放圆柱形工件。（ ）

2. 千斤顶通常是三个一组，用于支撑不规则的工件。（ ）

3. 当工件上有不加工表面时，应按不加工表面找正后再划线，这样可使加工表面与不加工表面之间保持尺寸均匀。（ ）

4. 当工件上有两个以上的不加工表面时，应选重要的或较大的表面为找正依据，并兼顾其他不加工表面，这样可使划线后的加工表面与不加工表面之间尺寸比较均匀，而使误差集中到次要或不明显的部位。（ ）

5. 对于较复杂的工件，往往只要经过一次试划，就能确定合理的借料方案。（ ）

三、选择题（将正确答案的序号填写在括号内）

1. 通常 V 形架是（ ）一起使用，用来安放圆柱形工件，划出中心线、找出中心等。

A. 两个　　B. 三个　　C. 多个　　D. 一个

2. 当工件上有两个以上的不加工表面时，应选重要的或（ ）表面为找正依据。

A. 较小的　　B. 较大的　　C. 带孔的　　D. 不带孔的

3. 尺寸基准的选择应（ ），以便能直接量取划线尺寸，避免因尺寸间的换算而增加划线误差。

A. 任意选择　　B. 与设计基准一致

C. 以加工面为基准　　D. 以毛坯面为基准

四、简答题

1. 什么是找正？找正时应该注意哪些问题？

2. 什么是借料？借料的操作步骤是什么？

3. 尺寸基准的选择原则有哪些？

课题3　錾　　削

一、填空题（将正确的答案填写在横线上）

1. 用锤子打击________对金属材料进行切削加工的操作称为錾削。

2. 台虎钳是用来夹持工件的通用夹具，其规格以____________表示。

3. 錾子通常用____________（T7A 或 T8A）锻造成形。

4. 扁錾的切削刃较长，略带圆弧，切削面扁平，常用于錾____________、__________、去凸缘、去毛刺和倒角。

5. 窄錾的切削刃较短，两切削面从切削刃到錾身逐渐狭小，常用于錾______，分割曲面、板料，修理键槽等。

6. 锤子的锤头由__________经热处理（淬硬）制成。

7. 锤子的规格是用__________来表示的，分为 0.25 kg、0.5 kg、1 kg 等。

8. 握锤时，用右手的食指、中指、无名指和小指握紧锤柄，柄尾伸出______ mm。

9. 挥锤方法有____________、____________、____________三种。

10. 錾子的握法有__________、__________和__________三种，一般采用__________。

二、判断题（正确的打“√”，错误的打“×”）

1. 钳工工作台是用来安装台虎钳、放置工具和工件的。一般钳台高度为 800~900 mm，装上台虎钳后，钳口高度以恰好与人的手肘平齐为宜。（　）

2. 砂轮机是用来刃磨钻头、錾子、刮刀等刀具或其他工具的。（　）

3. 錾子的切削部分呈楔形，由前刀面、后刀面及切削刃组成，其硬度达到 56~62HRC。（　）

4. 錾削硬钢或铸铁等硬材料时，錾子的楔角取 30°~50°。（　）

5. 通常根据工件材料的软硬不同，錾子的楔角选取不同的数值，材料越硬，楔角越大。（　）

6. 錾削时，前角是錾子前刀面与基面之间的夹角。（　）

7. 锤子的规格是用锤柄的长度来表示的。（　）

8. 錾子的热处理是为了提高錾子的硬度和韧性，包括淬火和回火两个过程。（　）

三、选择题（将正确答案的序号填写在括号内）

1. 錾削硬钢或铸铁等硬材料时，楔角取（　　）。

A. 30°~50°　　B. 50°~60°　　C. 60°~70°　　D. 10°~30°

2. 錾削一般钢料和中等硬度材料时，楔角取（　　）。

A. 30°~50°　　B. 50°~60°　　C. 60°~70°　　D. 10°~30°

3. 錾削铜、铝等软材料时，楔角取（　　）。

A. 30°~50°　　B. 50°~60°　　C. 60°~70°　　D. 10°~30°

4. 锤击要稳、准、有力、有节奏，肘挥锤击速度一般以（　　）为宜。

A. 20 次/min　　B. 40 次/min　　C. 60 次/min　　D. 80 次/min

5. 淬火时，錾子的切削部分（约长 20 mm）均匀加热至（　　）。

A. 750~780℃　　B. 800~900℃　　C. 900~1 000℃　　D. 1 000~1 100℃

6. 切断薄板料（厚度 2 mm 以下）时，可将其夹在台虎钳上，并将板料按划线夹成与钳口平齐，用扁錾沿着钳口斜对着板料约成（　　）角錾削。

A. 30°　　B. 45°　　C. 60°　　D. 90°

7. 当錾削至尽头（　　）mm 左右时，为防止边缘崩裂，应将工件掉头錾削残余部分。

A. 2　　B. 10　　C. 20　　D. 30

四、简答题

1. 挥锤的方法有哪些？

2. 锤击錾子时的要领有哪些？

3. 如何在砂轮机上对錾子进行刃磨？

课题4　锯　　削

一、填空题（将正确的答案填写在横线上）

1. 锯子是对材料或工件进行分割和切槽的锯削工具，由__________和__________组成。

2. 锯弓用于安装并张紧锯条，分为__________和__________两种。

3. 锯条是直接锯削材料和工件的刀具，一般由渗碳钢冷轧制成，也可用__________或合金钢制成后，经热处理淬硬后使用。

4. 锯条的长度规格以锯条__________表示，常用锯条长度是 300 mm。

5. 锯条的粗细规格是按照锯条____________________分为粗、中、细三种。

6. 粗齿锯条每 25 mm 长度内齿数为__________，用于锯削软钢、黄铜、铝等。

7. 中齿锯条每 25 mm 长度内齿数为__________，用于锯削中等硬度钢、厚壁的钢管、铜管等。

8. 常用锯齿角度为后角________°、楔角________°、前角________°。

9. 为了减少锯缝两侧面对锯条的摩擦阻力，避免锯削时锯条被夹住，制造时将锯齿__________，排成一定的形状，称为锯路。

10. 锯路有__________形和__________形两种。

11. 锯削时，锯子________为切削过程，退回时不参加切削，为避免锯齿磨损，提高工作效率，推锯时应施加压力，回锯时__________而自然拉回。

12. 锯削时，尽量使锯条的________都参加切削，锯削速度控制在________次/min，且推锯速度比回锯速度要慢，锯削硬材料比软材料要__________。

13. 起锯时，起锯角 θ 应控制在________，若起锯角太大，起锯时不平稳，锯齿易被工件棱边卡住引起崩裂；起锯角太小，同时参加锯削的锯齿太多，不易切入材料。

14. 锯削时，工件应竖着装夹在台虎钳的左侧，使锯缝离开钳口侧面约________ mm。

15. 当锯削工作接近结束时，压力________，速度________，防止工件突然断裂折断锯条或发生其他伤害事故。

二、判断题（正确的打“√”，错误的打“×”）

1. 细齿锯条用于锯削软钢、黄铜、铝等软材料。（　　）

2. 锯路能使工件上的锯缝宽度大于锯条背部的厚度，防止“夹锯”和磨损锯条。（　　）

3. 锯削硬材料比软材料的压力要大。（　　）

4. 起锯时起锯角 θ 应控制在 30°。（　　）

5. 锯削前首先要安装好锯条，安装时保证齿尖的方向朝前。（　　）

6. 锯削时，锯条折断的原因可能是工件装夹不牢、抖动或松动。（　　）

7. 对于薄壁管件或精加工过的管件装夹时，应夹在有 V 形槽的两木衬垫之间，以防夹

扁管子，破坏加工面精度。（　　）

8. 管件正确的锯削方法是在一个方向从开始连续锯到结束。（　　）

9. 当锯缝的深度大于锯弓的高度时，正常安装锯条的方法无法完成锯削工作，可将锯条转过90°重新安装，使锯条平面与锯弓平面垂直。（　　）

三、选择题（将正确答案的序号填写在括号内）

1. 锯削时，锯缝歪斜的原因不包括（　　）。

A. 工件夹持歪斜，锯削时又未顺线找正

B. 锯条安装太松或锯条与锯弓平面扭曲

C. 锯弓未摆正或用力歪斜

D. 锯条装夹过紧或过松

2. 锯条折断的原因不包括（　　）。

A. 锯条装夹过紧或过松　　B. 突然碰到砂眼、杂质

C. 压力太大　　D. 新锯条在原锯缝中卡住

四、简答题

1. 锯齿的粗细规格如何划分？

2. 什么是锯路？它有什么作用？

3. 锯齿崩裂的原因有哪些？

课题5　锉　　削

一、填空题（将正确的答案填写在横线上）

1. 用________对工件表面进行切削加工的操作称为锉削。

2. 锉削多用于小余量的精加工，常安排在錾削和锯削加工之后，加工精度可以达到______ mm，表面粗糙度值 Ra 可达________。

3. 锉刀是锉削的刀具，一般用__________或__________制成，经热处理使切削部分硬度达__________。

4. 锉刀的锉身由____________、____________、____________和____________组成。

5. 按锉刀的用途可分为____________、____________和____________三类。

6. 锉削时必须根据________________合理选用锉刀。

7. 圆锉刀的规格用其__________表示；方锉刀的规格用其__________表示。

8. 大锉刀指尺寸规格大于___________的板锉。

9. 锉削时，要锉出平直的平面，两手加在锉刀上的力要保证__________，使锉刀进行________运动。

10. 每次锉刀运动时，右手力随锉刀推动而逐渐______，左手力逐渐______，回程时不施力，从而保证锉刀平衡。

11. 锉削速度一般控制在______次/min 左右，推锉时稍慢，回程时稍快，动作应协调自然。

12. 顺向锉削法是指锉刀沿着_____________方向或__________方向直线移动进行锉削的方法。

13. 交叉锉削法是指锉削时锉刀___________对工件表面进行锉削的方法。

14. 交叉锉削法由于锉刀与工件接触面积较大，易掌握锉刀______，通过锉痕易判断加工面的____________情况，__________较好。

15. 推锉法常用于__________平面、加工余量较小的平面以及____________________和____________________的场合。

16. 锉削时，工件应正确地夹紧在台虎钳__________，锉削面略高出钳口面。

17. 平面度采用__________通过__________法来检查。

18. 外曲面锉削时，锉刀要同时完成两个运动，即____________和____________________，且两个动作要协调，速度要均匀。

二、判断题（正确的打“√”，错误的打“×”）

1. 锉削多用于小余量的精加工，常安排在錾削和锯削加工之前。（　）

2. 锉刀的断面形状、长度要和工件锉削表面形状、大小相适应。（　）

3. 锉削时，要锉出平直的平面，两手加在锉刀上的力要保证锉刀平衡，使锉刀做水平直线运动。（　）

4. 锉刀在锉削运动过程中，瞬间可视为杠杆平衡问题。（　）

5. 交叉锉削法锉削的平面可以得到正直的锉痕，比较美观整齐，表面粗糙度值较小。（　）

6. 基准面作为加工和测量的基准，必须达到规定的技术要求，才能加工其他平面。（　）

7. 锉削过程中可以用手摸锉刀面，可以用嘴吹铁屑。（　）

8. 锉刀不能叠放，不能当撬杠或敲击工具，不使用无柄锉刀。（　）

9. 内曲面锉削时，锉刀要同时完成三个运动，即前进运动、沿圆弧面向左或向右移动、锉刀绕自身轴线的转动，三个动作只有协调完成，才能保证锉出的弧面光滑、准确。（　）

三、简答题

1. 锉刀的选用原则是什么？

2. 锉削时，为保证锉刀保持水平，两手加在锉刀上的力是如何变化的？

3. 锉削平面的平面度如何测量？

4. 分析锉削时产生平面中凸的原因。

课题 6　钻　　孔

一、填空题（将正确的答案填写在横线上）

1. 钻孔常用的钻床有__________、__________和__________三种。

2. 台式钻床结构较简单、操作方便，一般用于钻、扩__________以下的孔。

3. 台式钻床主轴的进给只有__________，一般都具有控制__________的装置。

4. 立式钻床可以自动进给，__________和__________都有较大的变动范围，适用于各种中型件的钻孔、扩孔、锪孔、铰孔、攻螺纹等。

5. 摇臂钻床适用于单件、小批量和中等批量生产的中等件和较大件以及____________________的各种孔加工。

6. 标准麻花钻由__________、__________和__________组成。

7. 麻花钻有锥柄和直柄两种。一般钻头直径小于________的制成直柄，大于________的制成锥柄。

8. 麻花钻的工作部分由____________部分和____________部分组成。

9. 顶角又称锋角，为两条__________在与其平行的平面上投影的夹角。

10. 在主截面内，前角是______________与____________的夹角。

11. 后角的大小影响着后刀面与工件切削表面的摩擦程度。后角越小，________________，但切削刃__________越高。

12. 横刃斜角 ψ 是________与__________在钻头端面内的投影之间所夹的锐角。

13. 刃磨时，操作者应站在砂轮机的__________。

14. 刃磨过程中，把钻头切削部分向上竖起，两眼平视，观察两主切削刃的________________、____________和____________，反复观察两主切削刃，如有偏差，必须再修磨。

15. 一般直径在________ mm 以上的钻头均需磨短横刃，从而提高钻头的定心作用和切削的稳定性。

16. 麻花钻刃磨后，顶角和横刃斜角的检查可利用____________进行。

二、判断题（正确的打“√”，错误的打“×”）

1. 台式钻床适合进行铰孔和攻螺纹等操作。（ ）

2. 摇臂钻床能在很大的范围内工作，工作时工件可压紧在工作台上，也可以直接放在底座上，靠移动主轴来对准工件上的中心，使用时比立式钻床方便。（ ）

3. 麻花钻切削部分由两条主切削刃、两个前刀面、两个主后刀面、两个副后刀面和一条横刃组成。（ ）

4. 标准麻花钻的顶角 $2\varphi=118°\pm2°$。（ ）

5. 顶角越小，则轴向力越大，外缘处刀尖角增大，有利于散热和提高钻头的耐用度。（ ）

6. 主切削刃上各点的前角大小是相等的。（ ）

7. 后角刃磨正确的标准麻花钻 $\psi=50°\sim55°$。当后角磨得偏大时，横刃斜角就会减小，而横刃的长度会增大。（ ）

8. 主切削刃外缘处的刀尖角较小，前角较大，刀齿薄弱，而此处的切削速度却很高，故产生的切削热最多，磨损极为严重。（ ）

9. 修磨横刃后应使横刃长度为原长的1/5~1/3。（ ）

三、选择题（将正确答案的序号填写在括号内）

1. 外缘处的前角最大，一般为（ ）左右，自外缘向中心处前角逐渐减小。

A. 10° B. 20° C. 30° D. −10°

2. 修磨后应使横刃长度为原长的（ ），完成横刃的修磨。

A. 1/8~1/5 B. 1/5~1/3 C. 1/3~1/2 D. 1/2~2/3

3. 工件装夹时，工件表面应与钻头垂直，钻直径大于（ ）的孔时，必须将机床用平口虎钳固定在钻床工作台上。

A. 3 mm B. 5 mm C. 8 mm D. 12 mm

4. 钻不锈钢、耐热钢时应选择（　　）作为切削液。

A. 5%～8%乳化液　　B. 3%肥皂加 2%亚麻油水溶液

C. 煤油　　D. 煤油与菜油的混合液

5. 孔壁粗糙产生的原因不可能是（　　）。

A. 钻头不锋利　　B. 进给量太大

C. 工件划线不正确　　D. 钻头过短、排屑槽堵塞

6. 钻孔时钻头工作部分折断的原因不可能是（　　）。

A. 进给量过大　　B. 工件未夹紧，钻孔时产生松动

C. 钻头横刃太长　　D. 孔将钻通时没有减小进给量

四、简答题

1. 麻花钻由哪几部分组成？其切削部分由哪些面和刃组成？

2. 标准麻花钻的切削角度有哪些？各自的标准范围是多少？

3. 如何修磨横刃？

五、分析题

分析钻孔过程中切削刃经常迅速磨损或碎裂的原因。

课题 7　扩孔与铰孔

一、填空题（将正确的答案填写在横线上）

1. 用扩孔钻对工件上已加工的孔进行__________的方法，称为扩孔。

2. 一般扩孔公差等级可达__________，表面粗糙度值 Ra 可达__________μm，常作为孔的半精加工及铰孔前的预加工。

3. 小批量生产常用麻花钻代替扩孔钻使用，此时应适当减小钻头________角，以防止扩孔时扎刀。

4. 用麻花钻扩孔，扩孔前底孔的直径为所需孔径的__________倍；用扩孔钻扩孔，扩孔前底孔的直径为所需孔径的__________倍。

5. 用铰刀从工件孔壁上切除微量金属层，以提高其____________和降低__________________的方法，称为铰孔。

6. 铰刀的工作部分由__________、____________、__________和____________部分组成。

7. 整体圆柱铰刀主要用来铰削标准直径系列的孔，分____________和__________两种。

8. 一般手用铰刀的齿距在圆周上是____________分布的。

9. 用锥铰刀铰孔，加工余量大，整个刀齿都作为切削刃进入切削，负荷重，因此每进给__________ mm 应将铰刀取出一次，以清除切屑。

10. 锥度较大的锥孔，铰孔前的底孔应钻______________，阶梯孔的最小直径按锥铰刀小端直径确定，并留有______________，其余各段直径可根据锥度推算。

11. 铰削余量不宜过大，因为铰削余量过大，会使刀齿切削负荷增大，____________，切削热增加。

12. 铸铁件铰孔时用煤油作切削液会引起孔径缩小，最大收缩量为________ mm。

二、判断题（正确的打“√”，错误的打“×”）

1. 扩孔钻无横刃，避免了横刃切削所引起的不良影响。　　（　　）

2. 扩孔钻强度高，齿数多，导向性好，切削稳定，可使用较大的切削用量，提高了生产效率。（　　）

3. 在单件生产和修配工作中需要铰削少量的非标准孔，则应使用可调节的手用铰刀。（　　）

4. 硬质合金铰刀刀片有 K 类和 P 类两种。K 类适合铰钢类材料，P 类适合铰铸铁类材料。（　　）

5. 铰削余量不宜过大，因为铰削余量过大，会使刀齿切削负荷增大，变形增大，切削热增加，被加工表面呈现撕裂状态，致使尺寸精度降低，表面粗糙度值增大，同时加剧铰刀磨损。（　　）

6. 铰孔直径为 5~20 mm 时，铰削余量取 0.2~0.3 mm。（　　）

三、简答题

1. 扩孔时有哪些注意事项？

2. 铰削用量应如何确定？

课题 8　攻螺纹与套螺纹

一、填空题（将正确的答案填写在横线上）

1. 攻螺纹是用________在工件孔中切削出内螺纹的加工方法。

2. 丝锥一般分为________丝锥和________丝锥两种。________丝锥是用________或________经滚牙、淬火、回火制成的；________丝锥都用________制造。

3. 丝锥由工作部分和柄部组成，其中工作部分由________部分和________部分组成。

4. 每种型号的丝锥一般由两支或三支组成一套，分别称为________、________和________。

5. 铰杠是手工攻螺纹时用来夹丝锥的工具，分________和________两类。

6. 攻螺纹前的底孔直径应略________螺纹小径。

7. 加工钢件或塑性较大的材料时用公式 $d=D-P$ 计算底孔直径，式中 D 为__________，P 为螺距。

8. 由于底孔直径太小，丝锥不易切入造成螺纹乱牙现象的解决办法是__________________________。

二、判断题（正确的打“√”，错误的打“×”）

1. 切削部分是指丝锥前部的圆锥部分，有锋利的切削刃，起主要切削作用。（　　）

2. 丝锥有 3~4 条容屑槽，并形成切削刃和前角。为了制造和刃磨方便，丝锥上的容屑槽一般做成直槽。（　　）

3. 加工不通孔螺纹，为使切屑向上排出，容屑槽做成左旋槽。加工通孔螺纹，为使切屑向下排出，容屑槽做成右旋槽。（　　）

4. 手攻 M12 的螺纹可采用 150 mm 规格的铰杠。（　　）

5. 加工铸铁或塑性较小的材料时，螺纹底孔直径用公式 $d=D-(1.05\sim1.1)P$ 计算，其中 D 为螺纹大径，P 为螺距。（　　）

三、选择题（将正确答案的序号填写在括号内）

1. 正常攻螺纹阶段，双手作用在铰杠上的力要平衡。切忌用力过猛或左右晃动，造成孔口烂牙。每正转（　　）圈时，应将丝锥反转（　　）圈，将切屑切断排出。

A. 1/2，1　　B. 1/4，1　　C. 1，1/2

2. 攻螺纹时有较强的挤压作用，金属产生塑性变形而形成凸起挤向牙尖。因此，攻螺纹前的底孔直径应（　　）螺纹小径。

A. 大于　　B. 小于　　C. 等于

3. 造成螺纹乱牙现象的原因不包括（　　）。

A. 底孔直径太小，丝锥不易切入　　B. 丝锥磨钝，不锋利

C. 螺纹歪斜过多，用丝锥强行纠正　　D. 未用合适的切削液

4. 造成螺纹表面粗糙现象的原因不包括（　　）。

A. 丝锥磨钝，不锋利　　B. 未用合适的切削液

C. 丝锥前角、后角太小　　D. 底孔直径太大

四、计算题

已知 M16 标准螺纹螺距是 2 mm，分别计算在碳钢件和铸铁件上需要钻多大尺寸的底孔。

五、分析题

分析螺纹乱牙现象产生的原因和解决方法。

课题 9　矫正与弯形

一、填空题（将正确的答案填写在横线上）

1. 消除金属材料或工件＿＿＿＿＿、＿＿＿＿＿＿＿或＿＿＿＿＿＿＿等缺陷的加工方法，称为矫正。

2. 按矫正时被矫正工件的温度分类，矫正可分为＿＿＿＿＿＿和＿＿＿＿＿＿两种。

3. 按矫正时产生矫正力的方法不同，矫正可分为＿＿＿＿＿＿＿＿＿、＿＿＿＿＿＿＿＿＿＿、＿＿＿＿＿＿＿＿＿、＿＿＿＿＿＿＿＿＿等。

4. 矫正的实质就是让金属材料产生新的＿＿＿＿＿＿＿，来消除原来不应存在的塑性变形。

5. 矫正后的金属材料表面硬度提高、性质变脆，这种现象称为＿＿＿＿＿＿。

6. 冷作硬化给继续矫正或下道工序加工带来困难，必要时应进行＿＿＿＿处理，恢复材料原来的力学性能。

7. 用锤子敲击材料，使其延展伸长达到矫正的目的，这种方法适用于金属板料及角钢的＿＿＿＿＿＿＿、＿＿＿＿＿等变形的矫正。

8. 弯形法主要用来矫正各种＿＿＿＿＿、＿＿＿＿＿工件或＿＿＿＿＿的弯曲变形。

9. 扭转法用于矫正＿＿＿＿＿的扭曲变形。

10. 将坯料（如板料、条料或管子等）弯成＿＿＿＿＿＿＿＿＿的加工方法，称为弯形。

11. 弯形是通过使材料产生＿＿＿＿＿实现的，因此，只有＿＿＿＿＿＿好的材料才能进行弯形。

12. 弯形后外层材料＿＿＿＿＿，内层材料＿＿＿＿＿，中间一层材料长度不变，称为＿＿＿＿＿＿。

13. 中性层的实际位置与材料的＿＿＿＿＿＿和材料的＿＿＿＿＿有关。

14. 弯形方法有＿＿＿＿＿＿和＿＿＿＿＿＿两种。

15. 当弯形材料厚度＿＿＿＿＿＿＿及＿＿＿＿＿＿＿＿的板料和管料工件时，常需要将工件加热后再弯形，这种方法称为热弯。

二、判断题（正确的打“√”，错误的打“×”）

1. 矫正的实质就是让金属材料产生新的塑性变形。（ ）

2. 矫正后的金属材料表面硬度提高、性质变脆，这种现象称为冷作硬化。（ ）

3. 延展法适用于矫正条料的扭曲变形。（ ）

4. 扭转法适用于矫正金属板料及角钢的凸起、翘曲等的扭曲变形。（ ）

5. 弯形部分材料虽然产生拉伸和压缩，但其截面积保持不变。（ ）

6. 内面弯形成不带圆弧的直角制件时，其弯形部分可按弯形前后毛坯体积不变的原理进行计算，一般采用经验公式 $A=0.5t$ 计算。（ ）

7. 弯形虽然是塑性变形，但也有弹性变形存在，为抵消材料的弹性变形，弯形过程中应多弯些。（ ）

三、简答题

1. 矫正方法有哪些？分别适用于什么场合？

2. 弯形时中性层的位置是如何变化的？

课题10 刮 削

一、填空题（将正确的答案填写在横线上）

1. 刮削是把显示剂涂在工件或校准工具的表面，然后相互___________，可使工件被刮削表面___________的部位直观显现出来，用________即可准确定位，刮去突出点的金属。

2. 刮削后的工件表面，受刮刀负前角切削的推挤和压光作用，组织致密，________值很小。

3. 刮削劳动强度__________，生产效率______，不利于批量生产。

4. 校准工具和显示剂用于______________和__________________，根据需要，工件既可以和校准工具互研，也可以和配合工件互研。

5. 显示剂目前大多采用_____________和______________。

6. 红丹粉主要用于铸铁件或钢件的刮削，使用时用____________调和。

7. 蓝油适用于____________、____________及__________刮削，用蓝粉和蓖麻油调制而成。

8. 刮削方法和姿势要根据被刮削面的形状、位置、精度灵活选择，平面刮削常用的方法和姿势有___________和____________两种。

9. 当粗刮到每 25 mm×25 mm 的方框内有____________个研点时，可转入细刮。

10. 在整个刮削面上研点达到每 25 mm×25 mm 的方框内有____________个研点时，细刮结束。

11. 当研点增加到每 25 mm×25 mm 的方框内有____________个研点时，精刮结束。

12. 刮花的目的是使刮削面__________，并使滑动件之间有良好的______条件。

二、判断题（正确的打“√”，错误的打“×”）

1. 刮削可使工件达到所要求的尺寸精度、形状精度、接触精度和较小的表面粗糙度值。（ ）

2. 刮削后的工件表面均布大量刮削过程中形成的微小凹坑，在运动配合中可以容纳润滑油，具有良好的润滑性。（ ）

3. 把显示剂均匀涂抹在工件或校准工具表面，然后相互推研，即可显点。（ ）

4. 显点既可用来指示零件表面高点，也可用来检验刮削质量，高质量的刮削表面，显点密集、均布、大小一致。（ ）

5. 细刮刀痕宽而短，刀迹长度均为刀刃宽度，随研点的增多，刀迹逐步加长。（ ）

6. 基准面的平行面的平行度用百分表检验。（ ）

7. 刮削面上出现有规则的波纹是因为多次同向刮削，刀迹没有交叉。（ ）

8. 显点情况无规律的改变且捉摸不定是因为刀刃不光滑和不锋利。（ ）

三、简答题

1. 基准面刮削分为哪几步？标准是什么？

2. 基准平板一般采用什么方法刮制？分为哪几步进行？

3. 曲面刮削时应注意哪些问题？

课题 11 研 磨

一、填空题（将正确的答案填写在横线上）

1. 研磨是一种微量的金属切削运动，它包含__________和__________的综合作用。

2. 研磨的物理作用即磨料对工件的切削作用，研磨时，______________中微小颗粒，具有较高的硬度，成为无数个刀刃。

3. 化学作用是指当研磨剂采用氧化铬、硬脂酸等化学研磨剂进行研磨时，与空气接触的工件表面会很快形成一层______________。

4. 研磨的主要优点体现在其所能获得极高的精度，经过精密研磨后的工件表面，其表面粗糙度值 Ra 可达到__________μm，工件尺寸精度可以达到__________________mm。

5. 研磨的切削量很小，一般每研磨一遍所能磨去的金属层不超过________ mm。

6. 研磨平板主要用来研磨平面，如量块、精密量具的平面等，分为___________和___________两种。

7. 研磨环主要用来研磨外圆柱表面，研磨环的内径应比工件的外径大__________mm。

8. 研磨棒主要用于圆柱孔的研磨，有__________和__________两种。

9. 研磨剂是由________和________调和而成的混合剂，有时根据需要还添加一定的研磨辅料。

10. 磨料的粗细用__________表示。

11. 圆柱面的研磨一般以_____________的方法进行。

12. 圆锥表面的研磨包括___________和___________的研磨。研磨时，必须用与工件锥度相同的研磨棒或研磨环。

二、简答题

1. 研磨的原理是什么？

2. 研具的材料有哪些要求？应如何选择？

3. 磨料的粒度应如何选择？

模块三　常用机构装配

课题1　装配工艺概述

一、填空题（将正确的答案填写在横线上）

1. ____________是构成机器（或产品）的最小单元。

2. 按规定的技术要求，将若干____________结合成____________或若干个零件和部件结合成__________的过程称为装配。

3. 最先进入装配的零件或部件称为________________。

4. 可以________________的部件（组件、分组件）称为装配单元。

5. 对于比较复杂的产品，其装配工作分为______________和______________。

6. 通常将整台机器或部件的装配工作分成________________和________________顺序进行。

7. 由一个工人或一组工人在不更换设备或地点的情况下完成的装配工作，叫作__________________。

8. 用同一工具，不改变工作方法，并在固定的位置上连续完成的装配工作，叫作____________。

9. ________装配法操作简便，生产效率高，容易确定装配时间，便于组织流水装配线，且零件磨损后更换简便。

10. ________法因零件制造公差放大，所以加工成本降低，并且经分组选配后零件的配合精度高。

11. 装配时，修去指定零件上预留修配量以达到装配精度的装配方法叫作__________。

12. 调整装配法是指装配时调整某一零件的________________以达到装配精度的装配方法。

二、选择题（将正确答案的序号填写在括号内）

1. 将若干零件结合成（　　）或若干个零件和部件结合成机器整机的过程称为装配。

A. 零件　　B. 部件　　C. 组件　　D. 分组件

2. 直接进入总装的（　　）称为组件。

A. 零件　　B. 部件　　C. 组件　　D. 分组件

3. 直接进入组件装配的部件称为（　　）。

A. 零件　　B. 部件　　C. 组件　　D. 分组件

4. 凡是将两个以上（　　）组合在一起或将零件与几个组件结合在一起，成为一个单元的装配工作，称为部件装配。

A. 零件　　B. 部件　　C. 组件　　D. 分组件

5. 装配时调整某一零件的位置或尺寸以达到装配精度的装配方法称为（　　）。

A. 完全互换装配法　　B. 选择装配法

C. 修配装配法　　D. 调整装配法

6. （　　）有直接选配法和分组选配法两种。

A. 完全互换装配法　　B. 选择装配法

C. 修配装配法　　D. 调整装配法

7. （　　）是提高劳动生产率、保证产品质量的必要措施，也是组织装配生产的重要依据。

A. 装配法　　B. 装配工艺规程　　C. 装配图纸　　D. 装配工具

8. 表示产品装配单元的划分及其装配顺序的图称为产品（　　）。

A. 装配系统图　　B. 装配图　　C. 装配工序图　　D. 装配工步图

三、名词解释

1. 装配基准件

2. 部件

3. 装配单元

4. 工序

5. 工步

四、简答题

1. 装配工艺过程分哪几个阶段？

2. 装配工作的组织形式分哪几种？

课题 2　螺纹连接装配

一、填空题（将正确的答案填写在横线上）

1. 螺纹连接是一种可拆的固定连接，它具有________、________、________等优点。

2. 螺纹连接的主要类型有________连接、________连接、________连接及________连接等。

3. 为达到螺纹连接可靠性和紧固的目的，螺纹连接装配时应有一定的________，使螺纹各牙之间产生足够的预紧力。

4. 螺纹连接一般都具有自锁性，通常情况下不会自行松脱，但在冲击、振动或交变载荷下，为避免螺纹连接松动，螺纹连接应使用________装置。

5. 一字旋具应用广泛，其规格以________表示。

6. 十字旋具的优点是________。

7. ________可以快速装拆小螺钉，提高装拆速度。

8. 成套的内六角扳手，可供装拆________的内六角螺钉。

9. 装入双头螺柱时必须用________，避免旋入时产生咬合现象，也便于以后拆卸。

10. 规定预紧力的螺纹连接，常用________法、________法和________法等来保证准确的预紧力。

11. 螺纹连接的防松方法有很多，按工作原理不同，可分为________、________、________3类。

12. 圆螺母止动垫圈用于受力________的螺母防松。

二、判断题（正确的打“√”，错误的打“×”）

1. 螺纹紧固件的尺寸、形状都已标准化和系列化，在机械中应用广泛。 （ ）

2. 扳手用来装拆六角形、正方形螺钉及各种螺母，常用工具钢、合金钢或可锻铸铁制成。 （ ）

3. 整体扳手只要转过 60°，就可以改换方向再扳，适用于工作空间狭小，不能容纳普通扳手的场合。 （ ）

4. 拧紧成组螺钉、螺栓和螺母时，不必按一定的顺序逐次拧紧。 （ ）

5. 双头螺柱的轴线必须与机体表面垂直。 （ ）

6. 弹簧垫圈防松装置容易刮伤螺母和被连接件表面，同时，因弹力分布不均，螺母容易偏斜。 （ ）

7. 双螺母防松装置由于要用两只螺母，增加了结构尺寸和质量，一般用于低速重载或较平稳的场合。 （ ）

8. 将螺钉或螺母拧紧后，在螺纹旋合处冲点或点焊，防松效果很好，用于可再拆卸的场合。 （ ）

三、简答题

1. 普通螺纹连接的基本类型有哪几种？各适用于什么场合？

2. 螺纹连接的装配基本要求有哪些？

3. 重要螺纹连接如何控制预紧力？

4. 螺纹连接常用的防松方法有哪些？

课题3　键连接装配

一、填空题（将正确的答案填写在横线上）

1. 键主要是用来连接轴和轴上零件，并用于周向固定以______的一种机械零件。

2. 键连接具有______、______、______等优点，因此获得广泛应用。

3. 根据结构特点和用途不同，键连接可分为______、______和______三大类。

4. 松键连接所用的键有______、______、______及______等。

5. 对于重要的键连接，装配前应检查键的______、键槽对轴线的______及______等。

6. 锉配键长时，在键长方向上键与轴槽应留有______mm 左右的间隙。

7. 楔键连接的特点是上下两面为工作面，键的上表面和轮毂槽的底面均有______的斜度，键侧与键槽间有一定的间隙。

8. 装配楔键时，要用______法检查楔键上下表面与轴槽或轮毂槽的接触情况，若接触不良，应修整键槽。

9. 花键连接具有承载能力强、传递转矩大，同轴度和导向性好，对轴强度削弱小等特点，适用于______和______的连接，在机床和汽车工业中应用广泛。

10. 花键已经标准化，按齿廓形状可分为______和______两类。

11. 键磨损和损坏后一般应______。

12. 当圆柱面过盈量及配合尺寸较小时，一般采用在常温下______法来装配。

二、判断题（正确的打“√”，错误的打“×”）

1. 松键连接的特点是靠键的侧面来传递转矩，只对轴上零件做周向固定，不能承受轴向力。（　）

2. 试配并安装套件（如齿轮、带轮等）时，键与键槽的非配合面应留有间隙，以便轴与套件达到同轴度要求。（　）

3. 紧键连接多用于对中性要求不高、转速较低的场合。（　）

4. 对于钩头楔键，应使钩头紧贴套件端面。（　）

5. 按工作方式分，花键连接有静连接和动连接两种，花键已经标准化。（　）

6. 静连接花键装配当过盈量较大时，应将套件加热至 80～120℃后进行热装。（　）

三、简答题

1. 简述松键连接和楔键连接的装配要点。

2. 花键连接一般采用哪些定心方式？

课题 4　带传动装配

一、填空题（将正确的答案填写在横线上）

1. 带传动是一种常见的机械传动，它是依靠张紧在带轮上的带与带轮之间的________________来传递动力的。

2. 带传动具有能适应____________的两轴传动的优点。

3. 带传动的缺点是______________、______________。

4. 带传动按带的形状可分为___________、___________、___________、________________和___________5 种。

5. V 带传动机构装配时，两轮的中间平面应______________。

6. V 带传动机构装配时，带在轮上的包角不能小于___________。

7. 当两带轮的中心距较大无法用钢直尺来检验时，可用___________法检查。

8. 带传动张紧力的检查可根据经验判断，用大拇指按在 V 带切边处中点，能将 V 带按下_____________左右即可。

9. 一般带轮孔与轴为_________配合，有少量过盈，_________较高。

10. 带轮孔与轴的磨损量较小时，可先将带轮孔在_________上修光，保证其自身形状精度合格。

11. 带轮孔与带轮轴的磨损量均较大时，可先将_______在车床或磨床上修光，并保证其自身形位精度合格。

12. 在正常情况下因带被拉长而打滑时，可通过_________装置解决。若超出正常范围的拉长而引起打滑，应___________。

二、判断题（正确的打“√”，错误的打“×”）

1. 所有带传动都是依靠摩擦传递动力的。（　　）

2. 根据国家标准，我国生产的 V 带共分为七种型号。（　　）

3. 生产中使用最多的V带是Z、A、B三种型号。（　）

4. 带轮工作表面的表面粗糙度值 Ra 一般选用1.6 μm为合适。（　）

5. 当两带轮的中心距较大，无法用钢直尺来检验时，可用拉线法观察两带轮端面是否平行或在同一平面内。（　）

6. 带传动张紧力检查时可用大拇指按在V带切边处中点，能将V带按下30 mm左右即可。（　）

7. 带轮孔与带轮轴的磨损量均较大时，可先将轴颈在车床或磨床上修光，然后将带轮孔镗大、镶套，并用骑缝螺钉固定的方法修复。（　）

三、简答题

1. V带传动机构的装配要求是什么？

2. 带传动机构有哪些修复方法？

课题5　链传动装配

一、填空题（将正确的答案填写在横线上）

1. 链传动机构由两个链轮和连接它们的链条组成，通过______与______的啮合来传递运动和动力。

2. 链传动的传递功率大，传动效率高，能保证______。

3. 链传动机构安装维护要求较高，无______作用。

4. 链传动机构按工作性质的不同，可分为______、______和______3种。

5. 链轮的两轴线必须平行，其允差为沿轴长方向______mm/m。

6. 两链轮的中心平面应重合，轴向偏移量不能太大，一般当两轮中心距小于500 mm时，轴向偏移量应在______以下，两轮中心距大于500 mm时，应在______以下。

7. 链轮在轴上可用______固定，或者过盈连接后再用______固定。

8. 当链条磨损拉长后，会产生下垂和脱链（俗称掉链）现象，所以要定期检查链条的下垂度。若下垂度超过规定值时，可以通过______或______的方法解决。

二、判断题（正确的打“√”，错误的打“×”）

1. 链传动装配工作的关键是保证链条与轮齿正确啮合。（　）

2. 链传动的传递功率大，传动效率高，适合在高速、轻载和高温条件下工作。（　　）

3. 链条的下垂度要适当。如果链传动为水平或稍倾斜（45°以内），下垂度 f 应不大于 5%L（L 为两链轮中心距）。（　　）

4. 倾斜度增大时，就要减小下垂度，在链垂直放置时，下垂度 f 应小于 0.2%L（L 为两链轮中心距）。（　　）

5. 对于传动精度要求较高的链轮，应用百分表进行检验。（　　）

6. 当链条磨损拉长后，下垂度的尺寸较大时，可采用随意去掉几个链节的方法来解决。（　　）

三、简答题

1. 链传动装配的技术要求有哪些？

2. 链条下垂度超过规定值时应如何处理？

课题 6　齿轮传动装配

一、填空题（将正确的答案填写在横线上）

1. 齿轮传动具有____________________、传递的功率和速度范围大、____________________、使用寿命长、____________、体积小等优点。

2. 齿轮传动的缺点是传动时________、______________、________________、制造成本高。

3. 齿轮传动在装配时要保证齿轮有准确的_______________和适当的__________。

4. 齿轮传动在装配时要保证齿面有一定的__________和_________________。

5. 对转速较高的大齿轮，一般应在装配到轴上后再做_______________，以免振动过大。

6. 齿轮与轴的连接形式有____________、____________和____________三种形式。

7. 当齿轮和轴是滑动连接时，装配后的齿轮轴上不得有晃动现象，滑移时不应有________和________现象。

8. 检查齿侧间隙一般采用____________法和____________法。

9. 检查接触精度时将__________均匀地涂于大齿轮的齿面上，转动齿轮，从动轮稍微制动。

10. 用于一般传动的齿轮，在齿廓高度上接触斑点不少于__________，在齿廓宽度上接触斑点不少于__________，其分布的位置是以分度圆为基准，上下对称分布。

11. 压铅丝法检查侧隙时铅丝直径不宜超过最小侧隙的________倍。

二、判断题（正确的打“√”，错误的打“×”）

1. 齿轮传动适宜远距离传动。（　）

2. 齿轮传动能保证准确的传动比。（　）

3. 齿侧间隙是指齿轮非工作表面在法线方向上的距离。侧隙过小，齿轮传动不灵活，热胀时会卡齿，加剧磨损；侧隙过大，则易产生冲击、振动。（　）

4. 在变速机构中应保证齿轮准确的定位，其错位量不得超过规定值。（　）

5. 更换齿轮时，只需新齿轮的齿数与原齿轮相同即可。（　）

6. 对于过盈量不大或过渡配合的齿轮与轴的装配，可采用锤击法或专用工具压入法将齿轮装配到轴上。（　）

7. 对于过盈量较大的齿轮固定连接的装配，应采用温差法将齿轮装配到规定的位置。（　）

8. 压铅丝法检查侧隙时，在齿面沿齿宽两端平行放置两条铅丝，宽齿可放 3~4 条，铅丝直径不宜超过最小侧隙的 6 倍。（　）

9. 当啮合齿轮接触不良时，其解决方法是在中心距允差范围内，通过刮削轴孔或调整轴承座位置来解决。（　）

10. 精度要求较高的圆锥齿轮与轴装配后，必须对圆锥齿轮的径向圆跳动和轴向圆跳动进行检查。（　）

三、简答题

1. 齿轮传动的装配技术要求是什么？

2. 如何检查齿轮径向和轴向圆跳动误差？

3. 简述检查齿侧间隙的两种方法。

课题 7　蜗杆传动机构装配

一、填空题（将正确的答案填写在横线上）

1. 蜗杆传动机构常用于转速需要急剧降低的场合，它具有________________、________________、________________、传动平稳、噪声小等特点。

2. 蜗杆传动机构装配时蜗杆轴线应与蜗轮轴线____________，蜗杆轴线应在________________的中间平面内。

3. 通常蜗杆传动是以蜗杆为主动件，其轴线与蜗轮轴线在空间交错，轴间交角为__________。

4. 蜗杆与蜗轮间的________要准确，以保证有适当的齿侧间隙和正确的____________。

5. 大型蜗轮磨损或划伤后，为了节约材料，一般采用____________法修复。

6. 一般情况下，蜗杆传动机构装配时先把__________组件装入箱体，然后再装入__________。

7. 一般蜗杆轴的位置由箱体孔确定，要使蜗杆轴线位于____________的中间平面内，可通过改变____________的方法，调整蜗轮的轴向位置。

8. 用__________法检验蜗杆传动机构的啮合质量。

9. 接触斑点的长度，轻载时为齿宽的____________，满载时为齿宽的__________左右。

10. 装配后的蜗杆传动机构，要检查其______________，蜗轮在任何位置上，用手旋转蜗杆所需的__________均应相同，没有咬住现象。

二、判断题（正确的打“√”，错误的打“×”）

1. 蜗杆传动机构能获得较大的降速比。（　　）

2. 蜗杆传动机构在传递运动的过程中不具备自锁性。（　　）

3. 蜗杆轴线与蜗轮轴线在空间交错，轴间交角为45°。（　　）

4. 蜗杆与蜗轮间的中心距要准确，以保证有适当的齿侧间隙和正确的接触斑点。（　　）

5. 大型蜗轮磨损或划伤后，一般采用更换蜗轮来解决。（　　）

6. 分度用的蜗杆机构传动精度要求很高，修理工作复杂和精细，一般采用精滚齿后剃齿或珩磨法进行修复。（　　）

7. 蜗杆传动机构的装配一般情况下是从装配蜗杆开始。（ ）

三、简答题

1. 蜗杆传动机构装配的技术要求有哪些？

2. 蜗杆传动机构的特点有哪些？

课题 8 离合器装配

一、填空题（将正确的答案填写在横线上）

1. 离合器是在机器的运转过程中，可将传动系统中的＿＿＿＿＿＿和＿＿＿＿＿＿随时分离和接合的一种装置。

2. 常用的离合器有＿＿＿＿＿＿和＿＿＿＿＿＿两种。

3. 牙嵌式离合器靠＿＿＿＿＿＿＿来传递转矩，结构简单，但有冲击。

4. 摩擦式离合器靠＿＿＿＿＿＿＿＿＿传递转矩，接合平稳，且可起安全作用。

5. 摩擦式离合器根据摩擦表面的形状可分为＿＿＿＿＿和＿＿＿＿＿等类型。

6. 圆锥式摩擦离合器装配时，要用＿＿＿＿＿＿法检查圆锥面，其接触斑点应均匀分布在＿＿＿＿＿＿＿。

7. 摩擦式离合器装配技术要求有：

（1）＿＿＿＿＿＿＿＿＿＿＿＿＿＿。

（2）＿＿＿＿＿＿＿＿＿＿＿＿＿＿。

（3）＿＿＿＿＿＿＿＿＿＿＿＿＿＿。

8. 双向多片式摩擦离合器的摩擦片出现弯曲或严重擦伤时，可＿＿＿＿＿＿＿＿。

二、判断题（正确的打“√”，错误的打“×”）

1. 装配牙嵌式离合器时，结合子齿形啮合间隙要尽量小一些，以防旋转时产生冲击。（ ）

2. 双向多片式摩擦离合器的调整摩擦片间隙要适当。（ ）

3. 联轴器是零件之间传递动力的中间连接装置，可以使轴与轴、轴与其他零件（如带轮、齿轮等）相互连接，用于传递转矩，且大多数已标准化。 （ ）

4. 联轴器装配时应严格保持两轴的同轴度，否则在传动时会使联轴器或轴变形、损坏。 （ ）

三、简答题

1. 摩擦式离合器的装配技术要求有哪些？

2. 试述双向多片式摩擦离合器的装配要点。

课题 9　轴承和轴组装配

一、填空题（将正确的答案填写在横线上）

1. 滚动轴承一般由________、________、________及________组成。

2. 滚动轴承内圈与轴颈采用________配合，外圈与轴承座孔采用________配合。

3. 滚动轴承具有________________、________________、________________、润滑维修方便等优点。

4. 滚动轴承的缺点是____________________、____________________、对安装的要求较高。

5. 滚动轴承装配时，应将标记代号的端面装在______方向，以便更换时查对。

6. 滚动轴承装配时，轴承必须紧贴在__________________上，不允许有间隙或歪斜现象。

7. 滚动轴承的游隙是指将轴承的一个套圈固定，另一个套圈沿__________________的最大活动量。它分为______________和______________两种。

8. 调整游隙的方法是使轴承的内外圈做________________来保证游隙。

9. 预紧就是轴承在装配时，给轴承的内圈或外圈施加一个__________力，以消除__________，并使滚动体与内外圈接触处产生初变形。

10. 成对使用的角接触球轴承有________________、________________和________________3 种装配方式。

11. 对精度要求较高的主轴部件，为了提高主轴的回转精度，轴承内圈与主轴装配及轴承外圈与箱体孔装配时，常采用＿＿＿＿＿的方法。

12. 定向装配就是人为地控制各装配件径向跳动的方向，合理组合，采用＿＿＿＿＿＿＿＿来提高装配精度的一种方法。

13. 滚动轴承损坏的形式有＿＿＿＿＿＿＿＿＿，工作表面产生＿＿＿＿＿＿＿＿＿＿等。

14. 对于轻度磨损的轴承，可通过清洗轴承、轴承壳体，重新更换润滑油和＿＿＿＿＿＿＿＿的方法来恢复轴承的工作精度和工作效率。

15. 主轴轴颈处的磨损，通常采用＿＿＿＿＿法进行修复，也可通过＿＿＿＿法和＿＿＿＿＿法进行修复。

16. 在标准平板上用涂色法检查衬套、垫圈、圆螺母两端面的接触面，一般不应低于＿＿＿＿＿＿。

二、判断题（正确的打“√”，错误的打“×”）

1. 滚动轴承装配时，任意一面朝外都可以。（　）

2. 一般轴的加工精度取轴承同级精度或高一级精度，轴承座孔则取同级精度或低一级精度。（　）

3. 滚动轴承的游隙是不可调的。（　）

4. 对于承受载荷较大、旋转精度要求较高的轴承，大都是在无游隙甚至有少量过盈的状态下工作的，这些都需要轴承在装配时进行预紧。（　）

5. 预紧不能提高轴承在工作状态下的刚度和旋转精度。（　）

6. 滚动轴承定向装配时，主轴前轴承的精度比后轴承的精度高一级。（　）

7. 当主轴轴颈磨损较严重时，可采用振动堆焊的方法，堆焊厚度一般可达 1~1.5 mm，堆焊后再用机械加工方法加工至要求的精度。（　）

三、简答题

1. 滚动轴承定向装配的要点是什么？

2. 为什么要对滚动轴承进行预紧？

3. 滚动轴承装配的技术要求有哪些？

模块四　车床总装配

课题 1　床身刮削与床脚安装

一、填空题（将正确的答案填写在横线上）

1. 在车床总装配过程中，________是车床的基础，________________是各部件在工作时保持准确的相互位置的基准部件。

2. ___________不仅是床鞍移动的导向面和保证刀具直线移动的关键，也是主轴箱、进给箱、溜板箱、尾座等其他部件安装的________，因此床身与床脚结合后导轨需精加工。

3. 导轨的精加工方法有________、______________、______________三种，单件小批量生产或机修常用刮研法。

4. 导轨刮削要求每 25 mm×25 mm 范围内接触点不少于________点，表面粗糙度值达到___________以下。

5. 为了保证导轨精度，刮削时应及时使用平尺、________和________测量。

6. 水平仪主要用来测量导轨在铅垂平面内的__________、工作台面________及零件间的__________________。

7. 水平仪只能测量导轨在垂直水平面内的直线度，而不能测量导轨在__________的直线度。

8. 用水平仪测量垂直平面内直线度，直线度误差值可通过__________法或__________________法确定。

9. 检验棒主要用来检测______________及______________零部件的径向跳动、轴向窜动、同轴度、平行度等。

10. 检验桥板与__________合用，检验机床导轨面间相互位置精度。

二、简答题

1. 水平仪有哪几种读数方法？

2. 机床常用检测工具、量具有哪些？各有哪些作用？

三、计算题

某导轨长 1 600 mm，用精度为 0.02 mm/1 000 mm 的框式水平仪测量其在铅垂方向的直线度误差。水平仪垫铁的长度为 200 mm，分八段测量。用绝对读数法，每段读数依次为：+1、+1、+2、0、−1、−1、0、−0.5。

1. 画出导轨直线度误差曲线图。
2. 计算出导轨直线度误差。

课题 2　床鞍的配刮与装配

一、填空题（将正确的答案填写在横线上）

1. 床鞍导轨与床身导轨配合状况良好与否，是保证刀架________运动的关键。

2. 燕尾导轨与刀架下滑座的接触配合精度要达到在任意长度位置上用________ mm 塞尺检查，插入深度≤20 mm。

3. 外侧压板是可以调节的，内侧压板的尺寸 a 可用磨（刨）削来达到，留有________刮削余量。

4. 机床前后导轨间在垂直平面内的平行度误差会使车床床鞍在________________时发生偏斜，使________相对________产生偏移，影响加工精度。

5. 在机械制造工艺上，把加工表面的________方向视为误差敏感方向，在该方向上的误差将直接反映到________________上。

二、简答题

1. 床鞍上、下导轨的导轨副误差对零件加工精度的影响，主要表现在哪些方面？

2. 床鞍导轨与床身导轨配刮与装配的总体步骤是什么？

课题3　溜板箱、进给箱、主轴箱安装

一、填空题（将正确的答案填写在横线上）

1. 车床溜板箱、进给箱、主轴箱的安装，主要应解决各部件之间的________及________。

2. 溜板箱的安装位置直接影响丝杠、开合螺母能否正确啮合，进给能否顺利进行，同时还是确定________和________安装位置的基准。

3. 安装进给箱、托架主要应保证丝杠孔的________，并保证丝杠与床身的________。

4. 主轴箱的安装应保证________与床身导轨在________方向的平行度。

5. 在左、右两端校正心轴上母线和侧母线与床身导轨的平行度，其误差值应在________以下。

6. 调整进给箱、溜板箱和后托架三者丝杠安装孔的同轴度时，需使上母线和侧母线测量误差均小于或等于________。

7. 测量主轴锥孔轴线与床身导轨的平行度时用百分表分别在心轴上母线和侧母线测量，百分表在全长上（300 mm）的读数差应符合：上母线________/300 mm，只许检验心轴外端向上抬起，侧母线________/300 mm，只许检验心轴偏向操作者。

8. 密封性试验有气压法和液压法两种，气压法适用于承受工作压力________的零件；采用液压法时，对于容积________的零件，可采用机动油泵试验。

二、简答题

1. 如何调整进给箱、溜板箱和后托架三者丝杠安装孔的同轴度？

2. 床鞍和床身导轨在使用过程中，由于磨损床鞍会产生下沉，应该如何修理？

课题 4 尾座安装

一、填空题（将正确的答案填写在横线上）

1. 车床尾座部件安装的关键是如何保证在床身导轨上尾座顶尖套筒锥孔轴线与主轴箱主轴轴线的__________。

2. 车床尾座部件装配时，需按照主轴箱主轴轴线的实际高度尺寸修刮__________。

3. 产品中某些零件相互位置的正确关系，是由__________和__________所决定的，即零件精度直接影响装配精度。

4. 在机器装配（或零件加工）过程中，由相互联系的尺寸形成的______________，称为装配（零件）尺寸链。

5. 在机器装配（或零件加工）过程中，____________________的尺寸叫封闭环。

6. ____________________________叫组成环。

7. 在其他组成环不变的条件下，当某组成环增大时，封闭环随之________的环叫增环；反之为________。

8. 封闭环的公差是________________之和。

二、简答题

1. 如何检测主轴锥孔轴线和尾座顶尖套筒锥孔轴线对床身导轨的等高度？

2. 装配尺寸链解法有哪几种？

课题5 其他部件安装

一、填空题（将正确的答案填写在横线上）

1. 安装丝杠、光杠和开关杠前需要对溜板箱、进给箱、后支架的三个支撑孔进行________________。

2. 丝杠两轴承轴线和开合螺母轴线对床身导轨的等距度需符合上母线________，侧母线________。

3. 丝杠的轴向窜动测量方法是在丝杠后端的中心孔内装入一个钢球（可用黄油粘住），百分表顶在________，合上开合螺母，使丝杠转动，测得窜动值。

4. 丝杠的轴向窜动量应低于________。

5. 如丝杠的轴向游隙过大，可通过进给箱的连接轴上的________进行调整。对工作转速较低的机床，最大游隙不得超过________。

二、简答题

1. 如何保证进给箱、溜板箱、丝杠后支架安装孔的同轴度？

2. 刀架部件安装以后，测量它与主轴轴线的平行度，若超差应如何解决？

课题6　试车验收

一、填空题（将正确的答案填写在横线上）

1. 车床总装以后，必须经过__________和__________，才能交付使用。

2. 卧式车床的试车和验收包括__________、__________、__________和__________四个方面。

3. 试车前应先对车床的__________或机构的相互位置、配合间隙、贴合程度等进行调整，再对车床的__________进行检验，最后进行切削试验（试车）。

4. 车床静态检查时，变速手柄和换向手柄应操纵灵活、定位准确、安全可靠。手轮或手柄转动时，其转动力用拉力器测量，不应超过________。

5. 移动机构的反向空行程量应尽量不超过________。

6. 机床的空运转试验是在________状态下启动车床，检查主轴转速。从最低转速依次提高到最高转速，各级转速的运转时间不少于________，最高转速的运转时间不少于________。

7. 在主轴轴承达到稳定温度（即热平衡状态）时，轴承的温度和温升均不得超过如下规定：滑动轴承温度______℃，温升______℃；滚动轴承温度______℃，温升______℃。

8. 全负荷强度试验的目的是考核车床主传动系统能否输出设计所允许的__________和__________。

9. 在全负荷强度试验时，车床所有机构均应正常工作，动作平稳，不准有________和________。

10. 精车外圆试验的目的是检验车床在正常工作温度下，__________与__________是否平行，主轴的旋转精度是否合格。

11. 精车端面试验应在精车外圆合格后进行，其目的是检查车床在正常工作温度下，刀架横向移动轨迹对____________和____________。

12. 精车螺纹试验的目的是检查车床__________的准确性。

二、简答题

1. 如图4-1所示为主轴轴向窜动测量，如轴向窜动量过大，将对哪些试验产生影响？应如何解决？

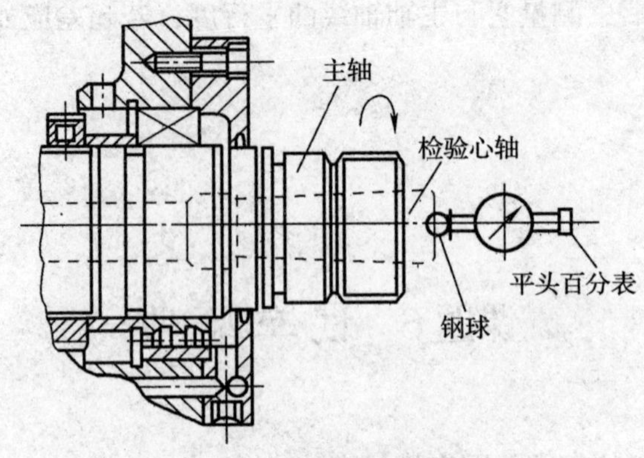

图 4-1　主轴轴向窜动测量

2. 车床负荷试验有哪些目的？包括哪些内容？